Sitzung am 17. September 1952

in Düsseldorf

ARBEITSGEMEINSCHAFT FÜR FORSCHUNG DES LANDES NORDRHEIN-WESTFALEN

GEISTESWISSENSCHAFTEN

HEFT 7

ABHANDLUNG

WESTDEUTSCHER VERLAG · KÖLN UND OPLADEN

ISBN 978-3-322-98416-6   ISBN 978-3-322-99164-5 (eBook)
DOI 10.1007/978-3-322-99164-5

Das mittelalterliche Imperium und die werdenden Nationen

Professor Dr. *Walther Holtzmann*, Bonn *

Vor jetzt bald 100 Jahren hat Wilhelm v. Giesebrecht den ersten Band
seiner Geschichte der deutschen Kaiserzeit veröffentlicht, der den Anlaß gab
zu der berühmten Sybel-Fickerschen Kontroverse über die Berechtigung der
Kaiserpolitik des Mittelalters und den Nutzen oder Schaden, den die
deutsche Nation in ihrer geschichtlichen Entwicklung davon gehabt haben
soll. In der Auseinandersetzung über diese Fragen schieden sich die Geister;
eine großdeutsche und eine kleindeutsche Geschichtsauffassung zeichnete
sich ab und sehr bald erkannte man, daß politische Zielsetzungen der dama-
ligen und jeweiligen Gegenwart das Geschichtsbild von längst vergangenen
Zeiten bestimmten. Zu einem einheitlichen Urteil über das vorliegende
Problem hat die Kontroverse nicht geführt; neigte sich die Waage vor dem
ersten Weltkrieg, als die politischen Fragen in der Reichsgründung Bis-
marcks und in dem Bündnis mit Österreich zu einer Stabilisierung gekommen
schienen, auf die Seite der Fickerschen These, so hat der unglückliche Aus-
gang des Krieges, die Begründung nationaler Staaten im Osten auf den
Trümmern der österreichischen, preußischen und russischen Monarchie, die
Frage neu aufleben lassen. Die erneuerte Diskussion hat, soweit sie mit histo-
risch-politischen Argumenten arbeitete, so wenig zu einem Ergebnis geführt, wie die frühere. Sie hat aber dazu angeregt, die geistesgeschichtlichen
Voraussetzungen und Absichten der Kaiserpolitik näher zu untersuchen,

* Die Abhandlung gibt in leicht erweiterter Form einen Vortrag wieder, den ich im
September 1950 bei der Jahresversammlung der Monumenta Germaniae historica und im
Oktober 1950 in der University of London gehalten habe. Wenn in den neuesten geistesgeschichtlichen Untersuchungen die Kaiseridee manche sehr schätzenswerte Aufhellung erfahren hat, so scheint mir dabei doch gelegentlich eine gewisse apologetische Tendenz —
besonders in den vor dem letzten Kriege erschienenen Arbeiten — fühlbar zu sein, vielleicht
auch eine Überschätzung des rein Ideellen. Ich möchte dagegen versuchen, diese Dinge
wieder etwas mehr mit den rechtlichen und tatsächlichen Verhältnissen in Verbindung zu
bringen, kann aber nur mehr Andeutungen geben. Es sind daher auch nur wenige Hinweise auf einige neuere Literatur und wenige, vielleicht bisher übersehene, Quellenstellen
gegeben.

und dabei ist man zu sehr beachtenswerten Ergebnissen gekommen[1]. Der
mittelalterliche Kaisergedanke, seine verschiedenen Wurzeln und Ausprä-
gungen, sind uns dank diesen Untersuchungen jetzt genauer bekannt, und
so liegt der Gedanke nahe, einmal die Frage zu erörtern, ob dieser Kaisergedanke über die Nationen hinaus, für welche die frühere Diskussion die
Auswirkung in Betracht gezogen hat (nämlich vorzugsweise Deutschland
und Italien), irgendwelche Bedeutung gehabt hat, ob das Imperium etwa
Ansprüche erhoben hat gegenüber Ländern, die nicht staatsrechtlich zu
seinem Verband gehörten, ob es für die Herausbildung der europäischen
Nationen überhaupt irgend eine Rolle gespielt hat.

Aber dürfen wir in der Kaiserzeit überhaupt schon von Nationen reden?
In der früheren sicher noch nicht – wir werden noch sehen, wann der Ein-
schnitt zu machen ist. Gehen wir vom Reiche Karls des Großen aus, so hat
man ja im Hinblick auf den Vertrag von Verdun die Wirksamkeit eines
Nationalitätsbewußtseins im modernen Sinne mit vollem Recht geleugnet[2].
Dem widerspricht nicht, daß uns in dieser Zeit schon deutliche Hinweise
auf nationale Abneigung in den Quellen begegnen und zwar zuerst im
deutschen Rheinland[3]. Das Reich Karls des Großen umspannte ja mit
Ausnahme Englands und des kleinen Königreichs Asturien alle christlichen
Völker des Abendlandes, den Namen der Franken und Langobarden führte
er in seinem Königstitel, aber in Wirklichkeit herrschte er – nach der dama-
ligen Terminologie – über sehr viel mehr Völker. Denn mit dem Namen
Volk bezeichnen die Quellen das, was wir erst in moderner Gelehrten-
sprache als Stamm zu nennen gewohnt sind, und deren gab viele, auch im
westfränkischen Reichsteil mehrere, z. B. die Aquitanier, die Burgunder, die
Bretonen. Es sind die Einheiten, in die das Reich schließlich am Ende des
9. Jh. politisch zerfiel; nur der größte fränkische Kern wurde in der Herr-

---

[1] Der Ausgangspunkt war das Werk von *P. E. Schramm*, Kaiser, Rom und Renovatio,
2 Bde. (Leipzig 1929). Die Literatur bis 1943 s. in *Carl Erdmann*, Forschungen zur
politischen Ideenwelt des Frühmittelalters (Berlin 1951) S. 1 ff.: die nichtrömische Kaiseridee, die seitdem erschienene bei *H. Beumann*, Das imperiale Königtum im 10. Jahrhundert in: Die Welt als Geschichte 10 (1950) S. 118 ff. und ders., Romkaiser und fränkisches
Reichsvolk in: Stengelfestschrift (Weimar 1952) S. 157 ff. Eine Revision der von *Bryce*
begründeten englischen Auffassung vom Imperium kündigt an *G. Barraclough*, The
mediaeval empire, idea and reality, London, Hist. Association 1950.

[2] So etwa im Hinblick auf die Sprachgrenze *Th. Mayer* in: Der Vertrag von Verdun
(Leipzig 1943) S. 15 f., *M. Lintzel*, Die Anfänge des deutschen Reiches (München und Berlin 1942) S. 39 und *G. Tellenbach*, Die Entstehung des deutschen Reiches, 3. Aufl. (München 1943, Nachdruck 1946) S. 90 f.

[3] *Paul Kirn*, Aus der Frühzeit des Nationalgefühls (Leipzig 1943) S. 40.

scherfamilie geteilt und die Folgen davon waren noch bis zum Erlöschen der Karolingerfamilie spürbar.

Wie sich aus dem früheren ostfränkischen Reiche das deutsche Reich entwickelt hat, ist durch die jüngste Forschung ausreichend klargelegt worden[4]. Ich brauche auf das Zusammenspielen von Tradition, neuen staatsrechtlichen Gedanken, einzelstaatlichen Bildungen, sprachlicher Differenzierung und auswärtiger Gefahr nicht näher einzugehen. Vielleicht könnte man durch eine stärkere Berücksichtigung der gleichzeitigen französischen Verhältnisse zu einer noch deutlicheren Vorstellung des Gemeinsamen, aber auch der Unterschiede gelangen. Vor allem würde durch den Vergleich mit Frankreich, das sich ja ungefähr gleichzeitig mit Deutschland aus der karolingischen Erbmasse heraus entwickelte, klar, welchen Vorsprung das ottonische Reich sich verschaffte durch die Hereinnahme der Kirche in den Staat. Im ottonischen System wurde der Stammesadel durch die Bischöfe paralysiert, während das französische Königtum die Verfügung über die Kirche weitgehend, besonders im Süden, verlor und dort nur auf das viel lockerere Band des Lehnswesens angewiesen war. Der werdende französische Staat entging so, wenn man den Ausdruck gebrauchen darf, der Verkirchlichung, was sich später als Vorteil erwies; im Augenblick entstand aber in der Osthälfte des früheren Karolingerreichs, eben dem deutschen, ein Block, der allen übrigen politischen Bildungen in Europa überlegen war, nach Süden, Südwesten und Westen starke Anziehungskraft ausübte und dem deshalb auch die Kaiserwürde wieder zufiel.

Die Erneuerung des abendländischen Imperiums durch Otto I. beschäftigt, wie seine Begründung durch Karl den Großen, die Forschung immer wieder. Die neuerdings vorgetragene These[5], daß in beiden Fällen, bei der Begründung und bei der Erneuerung, eine auf das Universale gerichtete Rivalität gegen Byzanz der eigentliche Anlaß war, trifft für Karl den Großen sicher zu, wenn wir auch bei der Kargheit der Quellen über eine gewisse Wahrscheinlichkeit, was Karls Pläne im einzelnen anlangt, wohl nie hinauskommen werden. Problematischer ist es m. E., die Erneuerung durch Otto den Großen auf gleichartige Absichten zurückführen zu wollen, weil hier die Quellengrundlage noch viel fragwürdiger ist. Andere Versuche, politische Gründe für eine Notwendigkeit der Erneuerung des Kaisertums, etwa die

[4] Vgl. die in Anm. 2 genannten Schriften von *Tellenbach* und *Lintzel*, dazu zuletzt *W. Schlesinger*, Die Anfänge der deutschen Königswahl, Zeitschr. d. Savignystiftung f. Rechtsgesch. Germ. Abt. 66 (1948) S. 381 ff. mit weiterer Literatur.

[5] In dem beachtenswerten Buche von *W. Ohnsorge*, Das Zweikaiserproblem im früheren Mittelalter (Hildesheim 1947).

ottonische Ostpolitik, namhaft zu machen, sind scharfer Kritik begegnet [6]. So bleibt nichts übrig, als die letzten Anlässe im Persönlichen und in den Anschauungen der Zeit zu suchen. Was das Allgemeine anlangt, so hat die Forschung der letzten Jahre das Vorhandensein eines, wie man gesagt hat, romfreien Kaisergedankens klar erwiesen, d. h. einer Vorstellung von einem Großkönigtum, das über andere Könige herrscht [7]. Auch hierfür wird aus der römischen Antike in den lateinischen Quellen der Imperator-Titel übernommen und derartige Vorstellungen waren in Sachsen, dem „Reichsvolk" der neuen Dynastie, geläufig. Aber Otto I. hat an der Tradition festgehalten, daß nur der Papst die Kaiserkrone vergeben kann: das ist das einzige, was man über seine persönliche Einstellung sagen kann.

Wichtiger ist etwas anderes, das Wesen dieses Kaisertums. Kaiserwürde und deutsches Königtum waren seit der Kaiserkrönung Ottos I. miteinander vereinigt. Die deutschen Quellen machen meist einen Unterschied zwischen dem rex, solange er noch nicht zum Kaiser gekrönt ist, und dem imperator hinterher. In ausländischen Quellen geht dieser Unterschied früh, schon im 12. Jh., verloren; für sie ist der deutsche König imperator. So wird zum Beispiel vom Geschichtsschreiber des zweiten Kreuzzuges, Odo von Deuil, Konrad III. immer imperator genannt, obwohl er das nie war. Im Wort „Reich" haben wir in der deutschen Sprache eine ähnliche Vermischung, ja Unklarheit; es kann sowohl den Umfang der Königsherrschaft, später auch geographisch umgrenzbar, bezeichnen als den Bereich der Kaiserherrschaft, also Deutschland und Reichsitalien, dazu später auch Burgund. Für den Begriff Imperium steht uns ein deutsches Wort nicht zur Verfügung. Man kann wohl allenfalls den Inhalt der königlichen Gewalt im Mittelalter mit modernen juristischen Begriffen beschreiben, obwohl das für die frühere Zeit des Personalstaates seine Schwierigkeiten hat. Ihr geographischer Umfang ist aus den Urkunden abzulesen. Da diese Recht setzen und bestätigen, kann man aus ihnen entnehmen, wo der König als Herrscher anerkannt wurde. Das war in Deutschland, Ober- und Mittelitalien und in Burgund der Fall, gleichgültig, ob der Herrscher König oder Kaiser war. Von solchen Überlegungen aus ist das Kaisertum also offenbar nicht zu definieren, sein Wesen nicht zu erfassen. Man hat sich überlegt, was Karl der Große durch die Kaiserkrone zu seiner vorher schon innegehabten Machtstellung hinzuerwor-

---

[6] In dem Buche von *M. Lintzel*, Die Kaiserpolitik Ottos des Großen (München und Berlin 1943), dazu neustens *Fr. Rörig*, Die Kaiserpolitik Ottos des Großen in: Stengel-Festschrift (Weimar 1952) S. 203 ff.

[7] Hierfür jetzt maßgebend das in Anm. 1 genannte Buch von *Erdmann*.

ben habe, und konnte da nur auf die Herrschaft über Rom und den Kirchenstaat hinweisen [8] – ein höchst problematischer Machtzuwachs. Und wenn man nach den spezifisch kaiserlichen Rechten fragt, so erhält man von unserem besten Kenner, *H. Hirsch* [9], folgende drei aufgezählt: Das Recht, illegitime Kinder per rescriptum zu legitimieren, Universitäten zu gründen und Könige zu ernennen – aber in allen drei Rechten trat früher oder später das Papsttum als Konkurrent auf. Die Legitimierung war auch französisches Kronrecht [10]. Ob ein Kaiser jemals die Universität Paris oder Oxford gegründet hat, möchte ich bezweifeln und auch gegen ein Recht der Königerhebung kann ich einige Bedenken nicht unterdrücken. Schon die Konkurrenz des Papsttums in diesen angeblichen Rechten zeigt, daß das mittelalterliche Kaisertum überhaupt keine Erscheinung ist, der man mit den Kategorien des Staatsrechts beikommt; es hat zwar den Namen aus der Antike entlehnt, hat aber mit der Herrschaft des römischen princeps und noch weniger mit dem Zwangsstaat des spätantiken Dominats das geringste gemein, sondern hat seine Wurzeln ausschließlich in den christlichen Anschauungen des Mittelalters und ist, wenigstens in den Anfängen, mehr eine Einrichtung der Kirche als des Staates – wenn man überhaupt diese, der Zeit fremde, moderne Unterscheidung so früh schon machen will. Karl der Große wollte ein christlicher Herrscher sein, das Christentum und die Kirche schützen, ordnen und ausbreiten; er lebte in der Vorstellung, daß sein Frankenvolk das auserwählte Volk Gottes sei und die rechte Religion besäße; dem Papst hat er in dieser Beziehung – die Bilderfrage war akut – nicht so recht getraut. Seine Grabschrift zeigt, worauf es ihm ankam: *orthodoxus* imperator [11]. Aber der Papst war immerhin das geistliche Oberhaupt der abend-

[8] So *K. Heldmann*, Das Kaisertum Karls des Großen (in Zeumers Quellen und Studien zur Verfassungsgesch. des deutschen Reiches in Mittelalter und Neuzeit VI 2, Weimar 1928) S. 341 ff.

[9] Das Recht der Königserhebung durch Kaiser und Papst im hohen Mittelalter in: Festschrift *Ernst Heymann* (Weimar 1940) S. 248.

[10] Es darf daran erinnert werden, daß die berühmte Dekretale Innocenz' III. Per venerabilem, Decr. IV 17, 13, in welcher der Papst vom König von Frankreich sagt, daß er superiorem in temporalibus minime recognoscit, durch einen Legitimierungsantrag des Grafen Wilhelm von Montpellier ausgelöst worden ist, ebenso daran, daß Bonifaz VIII. in anderer politischer Lage diesen Grundsatz bestritten und erklärt hat, daß die Franzosen sunt et esse debent sub rege et imperatore, vgl. Mon. Germ. Const. 4, 138 n. 173 § 2, dazu *A. Hessel*, Jahrbücher des deutschen Reichs unter König Albrecht I. von Habsburg (München 1931) S. 127. Die erst im 13. Jahrhundert ausgebildete juristische Theorie vom Imperium hat nichts mit unserer Fragestellung zu tun.

[11] Dies hat jüngst richtig betont *P. E. Schramm*, Die Anerkennung Karls des Großen als Kaiser, Hist. Zeitschr. 172 (1951) S. 449 ff., bes. S. 510 f.

ländischen Christenheit, Rücksicht hat er auf ihn genommen, aber daß Karl,
schon als König, auch in der Kirchenleitung der Führende war, ist ganz offenbar. Die Nachfolger Karls, weit entfernt von seiner geistigen und persönlichen Größe – die auch ihre nicht zu übersehenden autokratischen und
aggressiven Schattenseiten hat –, haben in ihrer Durchschnittlichkeit das
Wesen seines imperialen Gedankens gar nicht verstanden. Sie erblickten
darin nur den höheren Rang, die höhere Würde, und der usurpatorische
Präzedenzfall, den der Papst durch die Krönung Karls statuiert hatte,
wurde erst durch die Anerkennung seitens seiner Nachfolger zur Gewohn-
heit und dadurch zum Recht. So blieb, was keineswegs die Absicht Karls
war, die Kaiserwürde mit dem Papsttum verkoppelt. Theologie, Literatur
und politische Publizistik statteten im 9. Jahrhundert das neue Kaisertum,
das so rasch der tatsächlichen Macht entkleidet wurde, mit Gedankenreihen
der verschiedensten Art aus: von Rom aus Erinnerungen an das antike Imperium, die gefördert wurden durch neu auflebende politische Rivalität mit
Byzanz und allmählich zu einem römischen Kaisergedanken führten; welt-
anschauliche Überlegungen, die an die alte von Gelasius I. formulierte Lehre
von den zwei Gewalten anknüpften, durch welche die „Welt" regiert werden sollte; theologische Exegese des Traumes Daniels mit der Deutung auf
die vier Weltreiche. Gewiß, vieles davon ist Literatur, Gelehrsamkeit, auf
kleine Kreise beschränkt, und wieweit einzelne Kaiser späterhin diese Ideen
kannten, ist kaum auszumachen. Das große Vorbild Karl war jedoch unver-
geßlich und mit der Erinnerung an ihn erbte sich eine wie auch immer ge-
artete Vorstellung von einem Kaisertum fort. Aber eines läßt sich, wenigstens in der früheren Zeit, nicht verkennen: es ist mehr eine geistige Größe,
gehört mehr dem Bereiche der Kirche und der Religion an. Und die Kaiser
haben die daraus erwachsenden Aufgaben auch bejaht, ohne zunächst den
Universalitätsanspruch, der im Wesen der Religion und der Kirche lag und
danach auch auf das Kaisertum abfärbte, zu überspannen. Sie haben sich
damit begnügt, die von dem Denken, vielleicht auch vom Glauben der Zeit
postulierte oberste weltliche Gewalt auf Erden darzustellen, ohne politische
Konsequenzen daraus zu ziehen.

Denn diese Kaiserwürde trug ein Herrscher, der König von Deutschland
und nach dem Rechte der Eroberung auch König von Italien war. Daneben
gab es aber noch einen König von Frankreich, Könige in Spanien und England. Ihre Existenz hat die Würde des neuen Kaisertums nicht beeinträchtigt,
es wurde auch nicht der leiseste Versuch gemacht, ihre Selbständigkeit auf
Grund des Kaisertums einzuschränken. Ottos I. Interventionen in die

Kämpfe zwischen den Karolingern und den Kapetingern in Frankreich erfolgten aus Gründen der Familienpolitik; ihr Höhepunkt, als Otto das Schiedsrichteramt zwischen den Parteien ausübte, liegt zudem noch vor der Kaiserkrönung. Die Reibungen und Kämpfe, die es später noch zwischen den Ottonen und den letzten Karolingern gegeben hat, drehten sich um Lothringen. Aus der Existenz einer westfränkischen Fürstenpartei, die sich an den mächtigen östlichen Nachbarn anlehnte und den deutschen König wohl auch gelegentlich nach Lehnsrecht als Oberherrn anerkannte, hat das Reich keine Folgerungen gezogen. Jene Partei genügte, um die neue Dynastie der Kapetinger in den Sattel zu setzen, und mit ihrer Thronbesteigung beginnt eine mehr als 100jährige Periode des friedlichen Nebeneinanderlebens, obwohl in dieser Zeit das französische Nationalbewußtsein im Wachsen ist, wie die Chronik des Richer von Reims beweist. Also im ganzen eine recht zurückhaltende Politik. Von einem Versuch der Ottonen, nachdem das Kaisertum erneuert war, etwa Frankreich dem Imperium anzugliedern, um das Reich Karls des Großen in seiner alten Ausdehnung wiederherzustellen, ist nicht das geringste zu bemerken. Solange die karolingische Dynastie im Westen noch blühte, hinderten doch wohl legitimistische Erwägungen. Und der Dynastiewechsel in Frankreich fiel in die Zeit der Minderjährigkeit Ottos III. Wenn man gelegentlich von einer hegemonialen Stellung Deutschlands gegenüber Frankreich in dieser Epoche gesprochen hat[12], so mag man diesen Ausdruck gelten lassen: durch die Kaiserwürde ist sie jedoch nicht begründet, sondern durch familiäre Beziehungen und durch tatsächliche Macht. Daß diese ausgenutzt wurden, um eine Dynastie ans Ruder zu bringen, welche auf Lothringen verzichten konnte, ist begreiflich. Damit ist aber für Frankreich die unerträgliche Spannung zwischen Kapetingern und Karolingern beseitigt worden, und mit den Kapetingern kam die Fürstenfamilie ans Ruder, welche schon seit 100 Jahren den natürlichen Mittelpunkt des nördlichen Frankreich, Paris, besaß. Insofern kann man sagen, daß die ottonische Politik die Voraussetzung für den Aufstieg der französischen Monarchie war – und damit nach dem bekannten Wort auch Frankreich selbst geschaffen hat.

Anders ist das Bild, das die Ostfront in dieser ersten Epoche des Kaisertums bietet, nicht Defensive, sondern Offensive gegen die Slavenwelt jenseits von Elbe und Saale. Seit Otto I. wird dieser Krieg geführt mit dem Ziele, die der Ostgrenze benachbarten Slavenstämme dem Christentum zu

[12] So etwa *Lintzel*, Die Kaiserpolitik Ottos des Großen S. 29, wo daneben auch bezüglich Frankreich die „schiedsrichterliche Stellung" Ottos erwähnt wird.

gewinnen; Mission und Krieg gehen Hand in Hand, trotz der Bedenken, die gegen eine derartige Zwangsmission von theologischer Seite schon z. Z. Karls des Großen erhoben worden waren. Politisch war nicht von Anfang an unbedingt eine Eroberung beabsichtigt, sondern die Sicherung eines der Grenze vorgelagerten Vorfeldes durch militärische Stützpunkte und Überwachung tributär oder lehnsrechtlich abhängiger Fürsten, wobei aber der Vertragspartner Christ sein mußte, um vertrauenswürdig zu sein. Kompliziert wurden die Dinge erst durch den Übertritt des am frühesten in dieser Gegend zu einiger Konsistenz gelangten Slavenvolkes, der Polen, zum Christentum, die sehr bald in den Kampf um die Stämme dieser Zwischenzone eintraten, ohne allerdings auch eigene missionarische Kräfte einsetzen zu können. Durch die Härte des Widerstandes, auf den man traf, artete der Krieg aus zu unerhörter Grausamkeit und Auswüchsen, die sich aus der mittelalterlichen Auffassung erklären, welche dem Heiden keinen Persönlichkeitswert zubilligt. Wohl aber kommt für das Mittelalter dem Heidenkrieg ein höheres Recht zu, ja er ist Aufgabe des christlichen Herrschers überhaupt. Die neuere deutsche Forschung hat die dunkeln Züge in dem meistens in so leuchtenden Farben gemalten Bilde der ottonischen Ostpolitik klar herausgestellt [13] und man wird gut tun, sie in Zukunft nicht zu übersehen, wenn auch unbedingt daran festzuhalten ist, daß die Ottonen hier in klarer Erkenntnis einer Kulturaufgabe und daher in höherem historischen Sinne recht gehandelt haben, trotz der Anwendung von Mitteln, die unsere humanisierte Zeit nicht mehr billigen kann. Daß diese Linie in der Polenpolitik Heinrichs II. verlassen wurde, hat schon bei den Zeitgenossen Kritik gefunden.

Das tatsächliche Ergebnis der ottonischen Missionspolitik ist denn auch, wie bekannt, ziemlich mager gewesen; nur das Sorbenland hat einigermaßen behauptet werden können, weiter elbabwärts ging durch den Slavensturm von 983 aber alles wieder verloren. Man hat neuerdings geglaubt, die Erneuerung der Kaiserwürde durch Otto I. in einen ursächlichen Zusammenhang bringen zu dürfen mit seinem Plane, in Magdeburg ein Erzbistum für die eroberten und noch zu erobernden Slavengebiete zu gründen [14]. Aber

---

[13] Vgl. *K. Schünemann*, Deutsche Kriegführung im Osten während des Mittelalters in: Deutsches Archiv 2 (1938) S. 54 ff.

[14] Begründet wurde diese These neuerdings vor allem von *A. Brackmann*, zuerst in einem Aufsatz: Der Streit um die deutsche Kaiserpolitik des Mittelalters in: Velhagen u. Klasings Monatsheften 1929 S. 443 ff. (wieder abgedruckt in seinen Gesammelten Aufsätzen, Weimar 1941, S. 25 ff.). Weitere Literatur zu dieser Frage bei *Lintzel*, Kaiserpolitik S. 122 f. Anm. 13. Bemerkenswert ist, daß *Brackmann* a. a. O. (Ges. Aufsätze

die Kritik hat diese Hypothese zerstört[15]. Wohl mußte der Papst für die Änderung der kirchlichen Organisation, welche die Errichtung einer neuen Kirchenprovinz bedeutete, um seine Einwilligung gefragt werden, aber die hätte Otto auch als König erlangen können. In ihrer früheren Phase ist die ottonische Ostpolitik auch in ihrem kirchenorganisatorischen Zweig durchaus eine Angelegenheit des deutschen Königtums; nach der herrschenden Meinung kam es aber gerade auf diesem Schauplatz im weiteren Verlauf der Dinge doch zum ersten und einzigen Male zu einer Auswirkung der kaiserlichen Gewalt auf das politische Gebiet.

Es sind die Vorgänge, die man, für Polen vielleicht nicht ganz mit Recht, und in Ungarn als Königserhebung gedeutet hat; sie stehen im Zusammenhang mit der Einrichtung eigener Kirchenprovinzen in Gnesen und Gran, und hierbei tritt, wenigstens nach außen hin, der Kaiser, Otto III., stark hervor. Aber diese Vorgänge sind nicht zu deuten aus einer nun schärfer staatsrechtlich ausgeprägten Auffassung des Kaisertums, etwa so, als ob Otto III. aus der Kaiserwürde ein Recht abgeleitet habe, Könige zu ernennen[16]. Sondern das Kaisertum Ottos III. ist der erste und einzige Versuch, die von der frühmittelalterlichen Weltanschauung geforderte Harmonie der beiden obersten Gewalten auch in der Wirklichkeit konkret darzustellen. Daher der Gedanke, gemeinsam mit dem Papst in Rom zu residieren. Aber die gemeinsame Leitung der Dinge dieser Welt erstreckt sich zuerst und vor allem auf das Kirchliche; die Hauptaufgabe, auch des Kaisers, ist es, für das Seelenheil der Menschen zu sorgen; servus Jesu Christi, servus apostolorum hat Otto III. sich in den letzten Jahren in seinen Urkunden nennen lassen. Es ist bekannt, daß diese himmelstürmenden Pläne des jugendlichen Kaisers mit ihm selbst zu Grabe getragen wurden. Stammen sie überhaupt von ihm, sind sie nicht eher das geistige Eigentum seines Mentors Gerbert-Silvester II.? Wir werden es nie wissen. Und was Polen anbelangt, so hat man geglaubt, daß während der Ereignisse in Gnesen im Jahre 1000 der polnische Herzog Boleslaw Chrobry von Otto III. zum Patricius erhoben, dadurch von Deutschland unabhängig gemacht und nur

S. 28) die Gesandtschaft Friedrichs von Mainz nach Rom 951 mit der Ostpolitik und den kirchenorganisatorischen Plänen Ottos in Verbindung bringt. Meistens — seit *Köpke-Dümmler* — vermutet man, daß Otto damals schon um die Kaiserkrone bat, und erklärt die Ablehnung des Papstes (Agapet II.) als Werk Alberichs. Die Quellen sagen darüber aber nichts: alles das ist Vermutung der neueren Historiker.

[15] *Lintzel*, Kaiserpolitik S. 65 ff., dem *F. Rörig*, Stengel-Festschrift S. 212 f. beistimmt.

[16] Die in Anm. 9 genannte Abhandlung von *H. Hirsch*, der diese Meinung vertritt, erscheint mir stark konstruiert.

dem Imperium unterstellt worden sei. Das wäre die einzige staatsrechtliche
Auswirkung des Imperiums in dieser Zeit; Polen hätte dadurch eine ganz
eigenartige Stellung erhalten, es wäre sozusagen Reichsland geworden (wie
Elsaß-Lothringen im bismarckischen Reich, wobei das tertium compara-
tionis lediglich die Sonderstellung ist). Aber diese Auffassung, auf die sich
nach längerer Diskussion deutsche und polnische Forscher ungefähr geeinigt
hatten, ist neuestens wieder bestritten worden [17], und jedenfalls hat sich
die Stellung Boleslaws sehr bald geändert: nach dem Tode Heinrichs II. hat
er zum Zeichen seiner Unabhängigkeit die Königswürde angenommen, was
nicht hinderte, daß später polnische Teilfürsten doch wiederholt in lehns-
rechtliche Abhängigkeit vom Reiche kamen. Sicher und unbestritten ist aber,
daß durch die Errichtung von Erzbistümern in Polen und Ungarn die
Voraussetzung zum Ausbau dieser Staaten geschaffen wurde, und ebenso
sicher, daß Otto III. dabei beteiligt war. Das Maß der Beteiligung, ob seine
Initiative oder die des Papstes oder der Wunsch der beteiligten Fürsten
entscheidend war, wird kaum einwandfrei festzustellen sein. Aber die Tat-
sache, daß es sich hier um kirchenorganisatorische Dinge handelt, zeigt wie-
derum, daß dieses Kaisertum sich vorzugsweise im kirchlichen Bereiche auswirkte. Polen und Ungarn wurden nun allerdings von Deutschland aus
missioniert, wie auch zum Teil die nordischen Länder, und deswegen be-
rührten Änderungen der Kirchenorganisation dort auch die deutsche Kirche
und ihren Leiter, den König. Daß aber Otto III. diese Dinge, weil sie kirchliche Angelegenheiten waren, zu seiner Zuständigkeit als Kaiser rechnete,
das läßt sich wahrscheinlich machen. Denn es gibt einen Beleg für eine Beteiligung des Kaisers an der zentralen Leitung kirchlicher Angelegenheiten
von Ländern, die nicht zum „staatsrechtlichen Bereiche" des Imperiums
gehörten. Im Jahre 998 entschied Papst Gregor V. einen Streit zwischen zwei
Bewerbern um das spanische Bistum Ausona-Vich. Das geschah auf einer
Synode in der Peterskirche in Rom, an welcher der Kaiser mit seinen langobardischen und „ultramontanen" Bischöfen teilnahm, seine Zustimmung und
Urteil zu der Absetzung eines Bischofs und den Befehl zur Anerkennung
eines anderen gab [18]. Was ging den Kaiser ein Bistum in Katalonien an?

[17] Von *H. Appelt,* Die angebliche Verleihung der Patriciuswürde an Boleslaw Chrobry
in: Festgabe für *H. Aubin* (Hamburg 1951) S. 65 ff. — An der alten Auffassung hält
fest: *Z. Wojciechowski,* Le patrice Boleslas le vaillant in: Revue belge de philologie et
d'histoire 29 (1951) 33—60, und *W. Ohnsorge* in den Blättern für deutsche Landes-
geschichte 88 (1951) S. 260.

[18] Es ist die Urkunde Gregors V. JL. 3888 mit der Unterschrift Ottos III., auf die erst
durch den neuen Druck von *P. Kehr,* Die ältesten Papsturkunden Spaniens, Abhandlungen

Wenige Jahre vorher (971) hatte Papst Johann XV. auf Vorschlag des Markgrafen Borell von Barcelona dasselbe Bistum zum Erzbistum erhoben – ein ephemerer Versuch der Einrichtung einer Landeskirche. Nichts deutet darauf hin, daß damals der Kaiser (Otto I.) auch nur gefragt worden wäre, so wenig wie bei der Einrichtung der Kirchenprovinz Capua, die 966 stattfand [19]. Es ist also schon so: Otto III. hat aus seiner Kaiserwürde Folgerungen gezogen, welche über den gewohnten geographischen Bereich des Imperiums hinausgingen. Sie sind aber beschränkt auf das Kirchenregiment.

Diese geistlich-kirchliche Auffassung vom Kaisertum und die weitverbreitete Anschauung von einer dualistischen Weltordnung durch Kaiser und Papst erhielt nun aber einen schweren Schlag in der Krisenzeit des sog. Investiturstreites, durch welche die ältere bisher betrachtete Periode der Kaiserzeit abgeschlossen und scharf getrennt wird von der folgenden. Immer deutlicher erkennt die neueste Forschung, daß diese Epoche von etwa 1050 bis 1125 sehr viel mehr bedeutet, als seine übliche Bezeichnung besagt. Auch der Ausdruck: Kirchenreform ist noch zu eng; es geschah tatsächlich viel mehr und die Epoche ist *die* große Wende im Mittelalter überhaupt. Ich kann diese Auffassung hier nicht näher begründen. Kurz gesagt scheint es mir so, als ob die jungen germanisch-romanischen Völker, nachdem sie jahrhundertelang eifrig bei Spätantike und Christentum in die Schule gegangen waren, jetzt zu eigener geistiger Tätigkeit erwachten. Und dieses Erwachen vollzog sich naturgemäß in bezug auf das Religiöse und zuerst in Frankreich, wo die Einwirkung des Christentums früher eingesetzt hatte als in Deutschland. Es ist also eine Etappe in der Aneignung des Christentums erreicht, in der mit seinen Lehren ernst gemacht wird. Es ist natürlich, daß die

der preußisch. Akademie 1926, phil.-hist. Kl. Nr. 2 S. 50 ff. die Aufmerksamkeit wieder gelenkt wurde. *Robert Holtzmann*, Geschichte der sächsischen Kaiserzeit (München 1941) S. 351 f. (ebda. auch in Facsimile die Unterschrift) hat sie erwähnt; ihre Bedeutung geht aber doch wohl über eine „formale Beeinflussung der Papsturkunden durch die Kaiserurkunden" hinaus, denn in Diplomen unterschrieben die Kaiser ja gar nicht. Der Kaiser „adfuit" bei der Synode, die beiden Bischöfe streiten „ante apostolicam et imperialem nostram (!) presentiam", der eine von ihnen, Wadaldus, wird abgesetzt „consentiente et iudicante d. Ottone imp. aug". „Post hec omnia peracta domno imp. iubente... Arnulfum... in ordine pontificali eccl. Ausonensis statuimus atque sublimavimus... et episcopatum prephatum una cum precepto domni augusti cum omnibus suis pertinentiis... illi stabilivimus". Zur Sache vgl. auch *P. Kehr*, Das Papsttum und der Katalanische Prinzipat bis zur Vereinigung mit Aragon, Abhandl. der preuß. Akad. 1926, phil.-hist. Kl. Nr. 1 S. 15 f., der bemerkt, daß „dieser Vorgang im Petersdom auch eine gewisse staatsrechtliche Bedeutung hatte und für die Kaiserideen des jungen Otto charakteristisch genug ist."

[19] It. pont. 8, 223 n. 34. Anders als bei Capua stand Otto I. bei der Erhebung Benevents zur kirchlichen Metropole 969 Pate, vgl. JL. 3738.

Bewegung sich zuerst im Bereiche der Kirche auswirkt und ein großer Kirchenmann hat ihr ja auch Namen und Gepräge gegeben, Gregor VII.; aber es werden von ihr doch auch weitere Kreise der Laienwelt erfaßt, ein Beweis dafür, daß die Bewegung in die Tiefe religiösen Erlebens ging.

Im geistigen Bereich kommt dazu noch ein weiteres, das Nachwirken der Antike. Mit der lateinischen Literatur, die wegen der lateinischen Kirchensprache doch nicht zu entbehren war, strömten immer wieder Gedanken und Vorstellungen der antiken Welt in das Mittelalter ein. Sie wurden verarbeitet, umgestaltet, vergröbert, gewiß, aber sie gewannen um so größere Wirkung, als das römische Reich ja die Umwelt bildete, in die das Christentum eingetreten war. Schon in der Literatur der Ottonenzeit setzte man das erneuerte Kaisertum in Beziehung zu dem alten und stellte so die abgerissene Kontinuität wieder her. Langsam wandelte sich das Imperium zu einem Imperium Romanum. Aber dieser Rückgriff auf die Vergangenheit blieb nicht auf die „weltliche" Hälfte beschränkt, sie ergriff auch die Kirche. Hier war die Kontinuität ja auch nie unterbrochen gewesen, eine römische Kirche hatte es immer gegeben. Machte man sie frei von der Überfremdung und Beschränkung, die sie in den Zeiten des kaiserlichen Übergewichtes erlitten hatte, so traf man auf ihr Universalitätsbewußtsein, das noch aus der Zeit stammte, da römisches Reich und christliche Ökumene sich deckten. Diese Universalität überschritt aber weit die Grenzen des mittelalterlichen Imperiums. Blieb der Universalitätsanspruch des Papstes von der Ostkirche auch bestritten, so setzte er sich doch im Westen in dem Maße durch, in dem die Kirche ihr aus eigener Tradition geschöpftes Recht zur Geltung zu bringen vermochte, die landeskirchlichen Sonderbildungen überwand und zur alles umfassenden Institution wurde. Am Ende der Krisenzeit ist der Papst wirklich der Herr der abendländischen Kirche. Was früher weitgehend nur Anspruch war, ist jetzt Wirklichkeit.

Die Veränderung beschränkt sich aber nicht nur auf das Geistige und Kirchliche, wo die Anfänge der Theologie besonders in die Augen springen. In allen Lebensgebieten, im Recht, in der Kunst, im staatlichen und politischen Leben, auch in den sozialen Verhältnissen fallen grundlegende Entscheidungen. Neue Völker und Staaten treten in den Gesichtskreis und in das Kräftespiel des Abendlandes ein. England, das Jahrhunderte lang an der Peripherie des Erdteils gelebt hat, wird ein sehr aktives Glied der europäischen Völkerfamilie, in Spanien beginnt die Reconquista, Unteritalien wird unter den Normannen ein Teil des Abendlandes, der Trennnungsstrich gegen den griechischen Orient wird deutlicher gezogen, in den Ländern des Ostens konsolidiert sich das Christentum, auch die skandinavischen Völker werden in den christlichen Kulturbereich einbezogen, und in den Kreuzzügen ergreift das christliche Abendland gar die Offensive gegen den Islam. Man kann sagen, daß sich die staatlich-völkische Aufgliederung Europas, wie sie bis zum Ende des Mittelalters bleiben sollte, in diesen Jahrzehnten vollzogen hat. Der erste Kreuzzug wirbelt die Völker, d. h. die politisch und sozial maßgebende Schicht des Adels, durcheinander, man lernt den andern kennen und die Folge ist ein merklicher Fortschritt des jeweiligen nationalen Selbstbewußtseins. Im 12. Jahrhundert dürfen wir schon von Nationen reden, zumal die alten Personalverbände durch flächenhafte Herrschaftsgebilde abgelöst zu werden beginnen.

Die Welt ist im 12. Jahrhundert nach dieser Krise tiefgreifend verändert: welchen Platz nimmt das Imperium in ihr ein? Gab es für das Kaisertum noch einen Ansatzpunkt, eine Rechtfertigung in den allgemeinen Vorstellungen? Wohl hatte es die Krise überstanden, aber Heinrich IV. war im Bann, als er von einem Gegenpapst gekrönt wurde, und Heinrich V. hatte *seine* Krönung mit der Spitze des Schwertes einem Papst abgezwungen, der ihn zwar hinterher nicht selbst bannte, seinem Versprechen getreu, aber es zuließ, daß seine Legaten und Kardinäle das besorgten. Das Kaisertum war bedenklich in die Nähe des Begriffs: Schisma geraten. Aber das Schisma ergriff kurz darauf das Papstum selbst und es ist charakteristisch für die Stärke der Tradition, daß die rivalisierenden Päpste sich vor allem beim deutschen König um Anerkennung bemühten, denn er war doch der zukünftige Kaiser und als solcher der berufene Vogt der römischen Kirche.

Aber wenn auch das Kaisertum die Krise überstanden hatte, so wurde es doch tief berührt durch die Veränderungen, welche die neue Theologie, ja das neue Denken in Welt und Kirche hervorgebracht hatten. Nach der früheren Auffassung standen Papst und Kaiser gleichberechtigt nebeneinander, Kirche und Staat flossen zusammen in eins. Was wir Modernen in diesem Begriffspaar mit Kirche, ecclesia, bezeichnen, war für das deutschsprechende Mittelalter die Christenheit. Aber diese Verschwommenheit wurde gerade jetzt durch die scharfe Logik des französischen Denkens beseitigt und an die Stelle des harmonisierenden Dualismus der Frühzeit tritt nun ein anderer, rationaler Dualismus. Kirche und Staat wurden in der Weltanschauung, in der Reflexion über die letzte Ordnung der Welt deutlicher voneinander geschieden. Man entdeckte wieder den lange vergessenen Rangunterschied, den der alte Gelasius in der klassischen Formulierung der Zweigewaltenlehre gemacht hatte zugunsten der geistlichen auctoritas.

Man strich die weltliche Gewalt nicht aus der Weltordnung, aber sie
rückte an die zweite Stelle, unter das Papsttum. Hierum ging es letzten
Endes in dem Ringen zwischen Heinrich IV. und den Päpsten seiner Zeit.
Hatte aber der Kaiser seinen Platz nicht mehr neben dem Papst, sondern
unter ihm, dann mußte er auch aus der sakralen Sphäre weichen, die er
bisher mit ihm geteilt hatte. Ebenso erging es übrigens auch dem König; die
Herrscherweihe wurde jetzt ihres sakramentalen Charakters entkleidet.
Herrscher und Staat wurden bis zu einem gewissen Grade säkularisiert und
jedenfalls der Staat durch diese Vorgänge gezwungen, sich auf seine theo-
retischen Rechte zu besinnen.

Da stellte es sich aber bald heraus, daß es wohl eine christliche Herrscher-
ethik, aber keine Staatslehre, ja nicht einmal eine schriftliche Überlieferung
gab, aus der man eine theoretische Rechtfertigung hätte entnehmen können
– ganz im Gegensatz zum Papsttum und der Kirche, der dies in reichem
Maße zur Verfügung stand. Das römische Recht, dessen Studium in der
Krisenzeit aufkam, mochte wohl Einiges bieten und schon Heinrich V. hat
sich der bologneser Juristen bedient, noch mehr Friedrich I., aber beide
charakteristischerweise nur in ihrer italienischen Politik. Man wird die Wirkung der Renaissance des römischen Rechtes im 12. Jahrhundert nicht über-
schätzen dürfen; ideell vermochte es zwar dem Kaiser angesichts der feu-
dalen Gewaltenteilung zur Betonung seiner obersten Gewalt von Nutzen
sein, aber praktisch anwendbar war es doch nur in den oberitalienischen
Gebieten, in denen es immer gegolten hatte und deren wirtschaftliche und
soziale Lage wieder einigermaßen sich den Zuständen näherte, die seiner
Entstehung zugrunde lagen. Eine Staatslehre vollends mußte aus der Fülle
seiner Rechtssätze und Gesetze erst in mühsamer Gelehrtenarbeit heraus-
destilliert werden, und bis brauchbare Ergebnisse vorlagen, war die eigentliche Zeit des Imperiums vorbei. Man hat neuerdings auf den Begriff auctoritas hingewiesen [20], der, ebenfalls römischer Herkunft und die über die

[20] *Rob. Holtzmann*, Der Weltherrschaftsgedanke des mittelalterlichen Kaisertums und
die Souveränität der europäischen Staaten in: Hist. Zeitschr. 159 (1939) S. 251—264,
auch: Dominium mundi und Imperium merum in: Zeitschr. f. Kirchengeschichte 61 (1942)
191—200. Die darin begründete Lehre von der auctoritas der Kaiser, welche die Souveränität der Könige nicht angetastet habe, ist von der geistesgeschichtlichen Forschung meist
beifällig aufgenommen worden. Eine Berichtigung s. *Fr. Rörig*, Heinrich IV. und der
„Weltherrschaftsanspruch" des mittelalterlichen Kaisertums in: Deutsches Archiv 7 (1944)
S. 200—203. Für meinen Geschmack werden die Dinge dadurch doch etwas zu harmlos
dargestellt; mindestens unter Friedrich I. und Heinrich VI. sieht die politische Wirklichkeit doch erheblich anders aus als die mühsam rekonstruierte Theorie. — Was den Brief
Heinrichs II. von England an Friedrich I. anlangt, in dem die kaiserliche auctoritas im-
perandi anerkannt wird (*Rahewin*, Gesta Friderici III 7, vgl. *Holtzmann*, Hist. Zeitschr.

magistratische potestas hinausgehende kaiserliche Gewaltenfülle bedeutend, es den tatsächlich unabhängigen Staaten des Mittelalters ermöglicht habe, einen ranghöheren Kaiser über sich ohne Beeinträchtigung ihrer Souveränität anzuerkennen. Aber diesen Begriff hatte, als er noch rechtliche Bedeutung hatte, schon die Kirche für sich usurpiert, wenn der Papst Gelasius I. seinem kaiserlichen Herrn gegenüber die auctoritas für den Priester in Anspruch nahm und dem Kaiser nur die regalis potestas beließ. Und so blieb dem Imperium schließlich nur der Rekurs auf die Bibel, das Hauptarsenal auch der gegnerischen Beweisführung. Aus ihr entnahm man die Lehre von der Gottunmittelbarkeit der weltlichen Gewalt *neben* der geistlichen, also den von der kirchlichen Theorie bestrittenen oder überholten Dualismus. Will man etwa in Otto von Freising den Theoretiker des staufischen Kaisertums erblicken, so verrät seine Geschichtstheologie deutlich ihren reaktionären, antiquierten Charakter.

Zeigt so die theoretische Situation der weltlichen Gewalt im Vergleich zur geistlichen unzweifelhafte Schwächen, so hat doch das Imperium, indem es sich mehr der irdischen Wirklichkeit zuwandte, seine frühere Position in der ecclesia nicht kampflos geräumt. Wie hat es sich praktisch verhalten in der Welt der werdenden Nationalstaaten mit ihren ungeheuren Energien und ungebändigten Kräften?

Mustert man die Beziehungen des staufischen Imperiums zu den übrigen Nationen, so ergibt sich doch ein von dem früheren abweichendes Bild. Für den Norden und Osten, für Dänemark, Polen und Ungarn, fand Friedrich I. bei seinem Regierungsantritt eine von seinem Vorgänger übernommene Rechtsbasis vor, die ihm Eingriffe in ihre Angelegenheiten gestatteten. Immer noch und jetzt erst recht übte Deutschland auf diese Länder eine nicht geringe Anziehungskraft aus. Überall gab es hier Thronwirren, bei denen jeweils eine Partei Anlehnung bei dem mächtigen deutschen Nachbarn suchte und diese Unterstützung auch dort fand durch Übernahme eines

159 S. 255), so möchte ich dagegen doch auf einen Brief Johanns von Salisbury von etwa 1168 (Nr. 239, ed. J. A. Giles, Joh. Saresb. Opp. omnia 2, Oxonii 1848, 114) hinweisen, wo von Heinrich II. gesagt wird: „Adeoque gloriatur, ut palam dicat se nunc demum avi sui (das ist Heinrich I. von England) consecutum privilegium, *qui in terra sua erat rex*, legatus apostolicus, patriarcha, *imperator* et omnia quae volebat. Das ist eine frühe Formulierung des Grundsatzes: rex est imperator in terra sua, hier sogar noch in das Kirchliche übersteigert. — In der Literatur über diesen Rechtssatz — zuletzt bei *P. E. Schramm*, Der König von Frankreich (Weimar 1939) 2 S. 112 not. 6 — scheint die Stelle nicht benutzt zu sein. Vgl. zur ganzen Frage auch die wohlausgewogenen Ausführungen von *G. Tellenbach*, Vom Zusammenleben der abendländischen Völker im Mittelalter in: Festschrift für Gerh. Ritter (Tübingen 1950) S. 1—60, bes. S. 47 ff.

Lehnsverhältnisses zum deutschen Reich. Von den Randstaaten gesehen, ist dieses klare Rechtsverhältnis oft verdunkelt und tendenziös entstellt, am deutlichsten bei dem dänischen Chronisten Saxo Grammaticus, der aus dänischem Nationalgefühl und erfüllt von der neuen französischen Bildung das Imperium ablehnt und die tatsächlichen Vorgänge in einen deutschen Betrug umdeutet. Daß Friedrich I. sich über den Wert dieser Lehnsbeziehungen keine Illusionen machte, zeigt sein Wort über den Ungarnkönig Geisa II., als dieser frühere Vasall Stellung für Alexander III. genommen hatte: Gott sei Dank, daß ich auf so anständige Weise einen falschen Freund los geworden bin[21]. – Die Lehnsverträge mit den Königen der Randstaaten bedeuteten in dieser Zeit schon nicht mehr als ein politisches Bündnis und waren damit dem Wechsel der allgemein-politischen Lage ebenso sehr unterworfen wie den inneren Spannungen in diesen Ländern. Diese selbst sind nun aber auch weitgehend die Voraussetzung für die Art und Weise, wie sich die jetzt im 12. Jahrhundert einsetzende Kolonisationsbewegung auswirkte. Sie trägt im allgemeinen friedlicheren Charakter als die ottonische Ostpolitik, mögen auch noch Gewaltsamkeiten genug vorgekommen sein. Jedenfalls ist es nicht berechtigt, in der Kolonisation lediglich eine Auswirkung eines deutschen Dranges nach dem Osten zu sehen und die Initiative der slavischen Fürsten, welche die kulturelle und wirtschaftliche Überlegenheit der Deutschen erkannten und sich zu Nutze machten, ganz zu übersehen. Wo slavische Fürsten sich der deutschen Kultur zuwandten, da taten sie es aus eigener Einsicht und auf eigene Verantwortung, nicht selten unter dem Druck rasch wechselnder Konstellationen im lokalen Kleinkrieg, jedenfalls aber nicht unter dem Zwang seitens des Kaisertums. Die frühere Lehnsabhängigkeit hat keines dieser Völker an der Entwicklung ihrer Selbständigkeit gehindert; nur in Böhmen liegen die Dinge anders; hier reicht die Verbindung zum westlichen Nachbar Deutschland in frühere Zeiten zurück, so daß Böhmen in das Reich hineinwuchs; aber eine Sonderstellung hat es darin immer behalten.

Wichtiger ist, wie der Westen sich zum staufischen Imperium gestellt hat, denn von dort war ja der Geist gekommen, der in der Krisenzeit die Welt umgestaltet hat. Hier hat man sich auch zuerst Gedanken gemacht über den

[21] „Grates, inquit, ago Deo, quod honesta occasione amicum perdo vilissimum": Gesandtschaftsbericht des Notars Burchard bei *Sudendorf*, Registrum 2, 134 n. 55 (S. 137), *Mich. Doeberl*, Mon. German. selecta 4, 195 u. 41 und neustens *F. Güterbock*, Le lettere del notario imperiale Burcardo intorno alla politica del Barbarossa nello scisma ed alla distruzione di Milano in: Bulletino dell'Istituto storico italiano per il medio evo 61 (1949) S. 51 n. 1 (S. 56). Hierauf folgt die vielbeachtete Stelle: „Hoc ait significans regulum istum."

neuen Staat, wie er sich nun in der neuen Weltordnung auszubilden begann, und es ist höchst interessant, zu beobachten, wie Johann von Salisbury, doch wohl der hervorragendste Denker der Jahrhundertmitte, dem weltlichen Staat eine durchaus bejahte, aber rein weltliche Sphäre zuschreibt [22]. Alles Geistige ist aber für Johannes Sache der Kirche, einer idealen Kirche allerdings, oder jedenfalls einer gegenüber der vorhandenen verbesserungsbedürftigen, denn als echter Humanist vor dem Humanismus blickt er tief in die menschlichen Unzulänglichkeiten in Gesellschaft, Staat und Kirche und hält mit seiner Kritik nicht zurück. Das Imperium ignoriert er aber vollständig; es ist dafür in seiner Weltansicht kein Platz, denn eine weltliche Gewalt hat im geistigen Bereiche der Kirche überhaupt nichts zu suchen und als Realist kennt er nur den konkret existierenden Staat. Welch ein Unterschied gegen Otto von Freising, der zu gleicher Zeit wie Johann vielleicht dieselben Lehrer in Frankreich gehört hat! Mag der leicht spiritualisierte Kirchenbegriff Johanns auch seine Sonderheit sein, so ist er doch ein Beweis für die ausschließliche Anerkennung jenes kirchlichen Primats, die in der französischen Schule vollzogen worden war, und in ihr studierte ganz Europa, nicht nur Saxo Grammaticus, sondern auch Eskil von Lund und Lucas von Gran, die Zeitgenossen Friedrich Barbarossas als Häupter der dänischen und ungarischen Kirche.

Trotzdem Frankreich das Ausgangsland der Bewegung war, welche die frühere Stellung des Kaisertums erschüttert, und trotzdem ein französischer Papst, Urban II., ihm die entscheidenden Nackenschläge versetzt hatte, blieben die politischen Beziehungen des Reiches zu Frankreich lange Zeit friedlich. Noch Heinrich IV. hat nach der Rebellion seines Sohnes an die Hilfe Philipps I., seines „treuesten Freundes", appelliert. Aber bald berührte der durch die normannische Eroberung Englands entstandene englisch-französische Gegensatz auch das Reich. Heinrich V. ließ sich 1124 als Schwiegersohn des englischen Königs in einen Koalitionskrieg gegen Frankreich hineinziehen, der mit deutschen Interessen gar nichts zu tun hatte, denn es ging in ihm um Heinrichs I. Herrschaft in der Normandie. Der Feldzug kam nicht zur Durchführung, denn auf die Kunde von den französischen Rüstungen hielt es Heinrich V. für geraten, vor Überschreiten der Grenze wieder umzukehren. In Frankreich hatte aber die Bedrohung zu einem ersten Ausbruch des Nationalgefühls geführt; die Lehnsfürsten waren mit seltener Einmütigkeit dem Rufe ihres Herrn gefolgt, und für einige Tage

[22] Das Beste, was in neuester Zeit über Johann von Salisbury gesagt ist, steht m. E. bei *J. Spörl*, Grundformen hochmittelalterlicher Geschichtsanschauung (München 1935) S. 73 ff.

war Ludwig VI. nach dem Worte eines französischen Historikers [23] wirklich König von Frankreich. Das Ereignis belastete erheblich die deutschfranzösischen Beziehungen und die Erregung zitterte noch lange nach; Suger von Denis feiert es als einen großen Sieg Frankreichs und ein diplomatischer Sieg war es unbedingt. Fragt man nach den Gründen, die Heinrich V. zu diesem Abenteuer bewogen haben mögen, so erhält man von dem französischen, sonst sicher tendenziösen Bericht [24], die Antwort, daß es im Grunde nur die Absicht war, Rache zu nehmen an dem Lande, das der Sitz und Rückhalt der hochkirchlichen Gegner des Kaisertums war, und in der Tat beherrscht auch in der folgenden Zeit die Kirchenpolitik durchaus die Außenpolitik.

Nur aus dem Versuch, Europa einen Papst seiner eigenen Wahl aufzuzwingen, erklärt sich die allgemeine Abneigung, die Friedrich I. nicht nur sich selbst, sondern auch der Institution und den Deutschen als Trägern des Kaisertums in der öffentlichen Meinung zugezogen hat. Für Johann von Salisbury in seinen Briefen ist Friedrich nur der schismaticus tyrannus und gegen seine Kirchenpolitik richtet sich sein berühmtes Wort: wer hat die Deutschen zu Richtern über die Nationen gemacht? Es schloß den Verdacht ein, als strebten die Deutschen, d. h. ihr Kaiser, nach der Weltherrschaft, und wenn man in den Kreisen der neuen kirchlichen Geistigkeit eine geistliche Weltherrschaft des Papsttums willig anerkannte, so bedeutete der Griff des Kaisers nach dem Papsttum in der Tat nichts Geringeres. Was man vom deutschen Hofe hörte, mußte diesen Eindruck nur verstärken: für die der Renaissance des römischen Rechtes entnommene Auffassung, daß im Vergleich zum Imperator die übrigen Könige nur Provinzvorsteher, reges provinciarum oder gar reguli [25], die Länder also Provinzen des Reiches seien, konnte man draußen begreiflicherweise kein Verständnis aufbringen. Aber schon 1162 lesen wir in einem Briefe eines deutschen Zisterzienserabtes [26], daß der Kaiser nicht nur den niedrigeren Gewalten (potestates

[23] *A. Luchaire* in E. Lavisse, Histoire de France 2,2 (Paris 1901) S. 330.

[24] *Suger von St. Denis, Vita Ludovici* VI c. 28 (ed. H. Waquet in: Les classiques de l'histoire de France au moyen âge, Paris 1929 S. 218): „ ... Henricus, collecto longo animi rancore contra d. regem Ludovicum, eo quod in regno eius Remis in concilio d. Calixti anathemate innodatus fuerat." —

[25] Die Stellen gesammelt und besprochen — nach *Burdach* — zuletzt bei *R. Schlierer,* Weltherrschaftsgedanke und Altdeutsches Kaisertum (Diss. Tübingen 1934) S. 86—95, dazu *R. Holtzmann,* Zeitschrift f. Kirchengesch. 61 S. 199 Anm. 13.

[26] Abt Nendung von Neuburg im Elsaß an Abt Ulrich von Herrenalb bei *W. Ohnsorge,* Eine Ebracher Briefsammlung des 12. Jhs. in: Quellen und Forschungen aus ital. Archiven u. Bibliotheken 20 (1928/29) S. 30 Nr. 2 (vgl. auch *A. Wilmart,* La collection d'Ebrach

humiliores), sondern sogar Königreichen und Königen mit Vernichtung drohe, soweit sie Alexander III. anhingen – und das waren damals alle, außer dem neu ernannten Böhmenkönig.

Es ist bekannt, daß Ludwig VII. von Frankreich vorübergehend 1162 an einen Anschluß an die kaiserliche Sache dachte, aber die stürmische Politik Rainalds von Dassel hat den Ausgleich verhindert. Und dann folgt eine Zeit, in der die deutsche Politik eindeutig gegen Frankreich gerichtet ist; die Ausnutzung des englischen Kirchenstreites führte zur politischen Einkreisung Frankreichs, unter deren Druck der Papst wieder nach Rom zurückkehrte und dort dem Kaiser militärisch erreichbar wurde. In der Katastrophe des Jahres 1167 brach diese Gewaltpolitik zusammen; diplomatisch war sie schon 1162 an der Saone gescheitert. Es ist schon richtig, daß der Kaiser, solange Rainald von Dassel die Politik bestimmte, von Absichten geleitet war, die für die Unabhängigkeit Frankreichs bedrohlich waren. Später hat er seine Ziele zurückgesteckt. Nach dem Ausgleich mit Alexander III. im Frieden von Venedig und nach dem Wiederauftauchen des staufisch-welfischen Gegensatzes kam es sogar zu dem staufisch-französischen Bündnis, das für mehrere Jahrzehnte, weit über Bouvines hinaus, die europäische Politik bestimmen sollte – es war ein völkerrechtlicher Vertrag zwischen unabhängigen Mächten.

Ist die vorübergehende Bedrohung Frankreichs durch Friedrich Barbarossa also ausschließlich durch seinen Kampf gegen das Papsttum bestimmt, so liegen bei seiner Politik gegenüber dem unteritalienischen Reiche die Dinge nicht so einfach. Den größten Teil seiner Regierung befand sich der Kaiser im Kriegszustand mit dem sizilianischen Normannenreich, erst der Friede von Venedig 1177 hat ihn abgeschlossen. Der Grund zum Bruch war das Bündnis zwischen Papst Hadrian IV. und König Wilhelm I. von 1156 gewesen, das Barbarossa als Verletzung des Konstanzer Vertrages auffaßte. In diesem hatten sich Papst und deutscher König gegenseitig verpflichtet, keinen Frieden mit Sizilien ohne Einverständnis des anderen Partners zu schließen. Aber wie kam Friedrich dazu, diese Verpflichtung einzugehen? Hatte der deutsche König als Kaiser irgend eine Berechtigung, einen begründeten Anspruch auf Unteritalien? Die Antwort hierauf ist nicht so leicht

in: Revue Bénédictine 45 [1933] S. 314 f. Nr. 2): „Eadem nobis... incumbit necessitas, dum princeps et imperator noster non solum potestatibus humilioribus, verum etiam regnis et regibus exterminium minatur, qui sentientes cum Alexandro domno V(ictori) in soliditate gradus apostolici obviare conantur." Der Brief ist auch schon gedruckt bei *A. Amelli*, *La chiesa di Roma e la chiesa di Milano nella elezione di papa Alessandro III* (Firenze 1910) S. 24 f.

zu geben. Solange in Unteritalien noch griechische und langobardische Herrschaft bestand, hatten die langobardischen Fürstentümer bald den abendländischen, bald den byzantinischen Kaiser als Herrn anerkannt, und seit der großzügigen Schenkung Karls des Großen an den Papst hatte auch dieser territoriale Ansprüche, für deren Realisierung Karl selbst sich aber nur sehr lau einsetzte. Als das Auftreten und die Ausbreitung der Normannen eine neue Lage schuf, hat das Reich den Papst in seiner antinormannischen Politik nicht unterstützt, so daß die Kurie nach ihrer Niederlage 1054 zum Bündnis mit den Normannen 1059 schritt: ein revolutionärer Akt, denn dadurch usurpierte der Papst eine oberlehnsherrliche Gewalt, er setzte sich im weltlichen Bereich an die Spitze der Lehnspyramide. Man weiß nicht, ob die Kurie sich dazu berechtigt glaubte, weil damals das Imperium vakant und der zukünftige Kaiser noch unmündig war; Gregor VII. hat bei der Erneuerung des Lehnverhältnisses zu Capua 1073 noch einmal die Rechte Heinrichs IV. vorbehalten. Dann aber schwindet die Rücksicht auf Kaiser und Reich aus den päpstlichen-unteritalienischen Rechtsbeziehungen, nicht aber aus der tatsächlichen Politik. Die Kurie verfolgte die Linie des divide et impera und suchte, eine Mehrzahl von abhängigen Lehnsstaaten am Leben zu halten, die sie notfalls gegeneinander ausspielen konnte. Als das nicht gelang, und Roger II. von Sizilien doch den unteritalienisch-sizilischen Einheitsstaat begründete, trat ihm die Kurie sofort entgegen und — der kaiserliche Vogt der Kirche sollte helfen. Lothar III., der Pfaffenkönig, hat das getan, ohne dauernden Erfolg, aber unter Behauptung eines Oberlehnsanspruchs, wie die bekannten Vorgänge bei der Belehnung Rainulfs von Alife zeigen, die er gemeinsam mit dem Papst vollzog, weil man sich über die Rechtslage nicht einigen konnte. Das Ende des Gegenpapstes Anaclets II., der Roger die Königskrone verliehen hatte, schaffte den Gegensatz zwischen der Kurie und dem Normannenreich nicht aus der Welt, und hier ließ sich nun Friedrich Barbarossa in seinen Anfängen einspannen. Der honor imperii, der das Programm seiner ersten Regierungsperiode war, senkt seine Wurzeln also tief in die rechtlich unklare Zone gemeinsamer und umstrittener päpstlich-kaiserlicher Herrschaftsansprüche.

Erst in seinem Alter hat der durch viele Kämpfe und Erfahrungen weise gewordene Kaiser die Führung des Abendlandes in der Leitung des Kreuzzuges gesucht und auch gefunden. Damit hat er sein lange erschüttertes Ansehen in der europäischen Öffentlichkeit wieder hergestellt. Sein Ende als Kreuzfahrer bildet den versöhnenden Abschluß eines an Irrungen und Erfolgen, Siegen und Niederlagen reichen Lebens.

Ein Gleiches war seinem Sohne nicht beschieden; bei nicht minder hochgespannten Zielen, unvergleichlichen Erfolgen, aber auch sehr viel fragwürdigeren Mitteln reißt das Leben Heinrichs VI. unvollendet, vorzeitig ab, hinterläßt ein Chaos und stellt die rückschauende Beurteilung vor kaum lösbare Schwierigkeiten. War die staufische Herrschaft in Reichsitalien schon unter seinem Vater vielfach als eine Fremdherrschaft empfunden worden, so gilt das mit noch größerer Berechtigung von Heinrichs VI. Regiment in Sizilien. Es ist nur eine fadenscheinige Entschuldigung, wenn man auf den nächsten Zwingherrn des schönen Landes 70 Jahre später hinweist, Karl von Anjou, der mit denselben militärischen Mitteln, ebenso grausam gegenüber der schon nach kurzer Zeit erwachenden Opposition, aber mit größerem Glück dort seine Herrschaft begründet hat. Und die Methoden, die Heinrich VI. anwandte, um von dem gefangenen Richard Löwenherz ein unerhört hohes Lösegeld zu erpressen, haben schon bei den Zeitgenossen gebührende Kritik erfahren, nicht nur in England, wo das selbstverständlich ist, sondern auch bei den Troubadours im burgundischen Reichsteil, und selbst Otto von St. Blasien [27] verschweigt schamhaft die Höhe der Summe, weil man ihn sonst für einen Lügner halten würde. Daß die Gefangennahme Richards ein Schlag gegen das Rechtsempfinden der Zeit war, steht außer Frage, denn als Kreuzfahrer stand Richard auch auf der Heimreise unter dem Schutz des Gottesfriedens; war der Kaiser wirklich Schützer des Rechts, wofür die Anschauungen der Zeit ihn hielten, dann hätte er von Leopold von Österreich die Freilassung Richards fordern müssen, nicht seine Auslieferung mit der Aussicht auf einen Anteil an der erpreßten Beute. Und durch ähnliche erpresserische Methoden hat Heinrich sich dann von Byzanz die Geldmittel zu seinem Kreuzzug verschafft. Mag es immerhin ein politisches Manöver sein, wenn Innocenz III. später Philipp August schrieb [28], Heinrich VI. habe nach dem Erwerb Siziliens auch daran gedacht, Frankreich wie vorher England seiner Lehnshoheit zu unterwerfen, so zeigt das doch, welchen Eindruck die Zeitgenossen von der neuen kaiserlichen Weltpolitik hatten und mit welchen Möglichkeiten sie rechneten. Wenn ihr letztes Ziel es war, durch außenpolitische Erfolge den Papst zu der endgültigen Bereinigung der zwischen Imperium und Kurie noch offenen Fragen gefügig zu machen, so hat das Schicksal den zähen Zauderer Celestin III., der sich

---

[27] Ed. *A. Hofmeister*, Scr. rer. Germ. (Hanoverae et Lipsiae 1912) S. 58: „Certum autem precii pondus, quod contulit (scil. Ricardus rex) explicare distuli, ne cuiquam incredibile visum falsitatis arguerer".

[28] Reg. super neg. imp. Nr. 64 ed. *Fr. Kempf* (Roma 1947) S. 184.

immer wieder versagte, vor einer Entscheidung bewahrt. Der Papst hat gesiegt, weil er den Kaiser überlebte.

Im folgenden Bürgerkrieg brach das staufische Reich zusammen. Wäre
dem Neubau, den Friedrich II. versuchte, Erfolg und Dauer beschieden gewesen, dann wäre der Schwerpunkt des Imperiums nach Italien verlagert,
Deutschland sein Nebenland geworden. Der Kaisergedanke hat unter ihm,
wie bekannt, seine höchste Steigerung erfahren, bis zur Gottähnlichkeit hin,
aber er trug dabei doch auch dem Wesen des Papsttums und der Unabhängigkeit der Nationen Rechnung. Es genügt hierfür der Hinweis auf den
neuen Gedanken der monarchischen Solidarität, der sogar in den Kämpfen
gegen die Lombarden nicht ohne praktische Folgen war. Matthaeus Parisiensis hat die Möglichkeiten einer kaiserlichen Politik völlig richtig erfaßt,
wenn er ihm bei der Schilderung des Lyoner Konzils die Worte in den Mund
legt: [29] „Der Papst ist mein unerschütterlicher Feind und offener Gegner
und überdies in der Lage, jeden, der seinem Willen entgegen ist, seiner
Würde zu entsetzen, ja sogar den Abgesetzten mit den Fesseln des Anathems
zu binden und ihn in den Abgrund noch schlimmerer Strafen zu stürzen.
Ganz anders ist unsere Lage und die Lage des Reiches wie aller Fürsten, die
ich allein zu schützen mich unterfange. Die Könige des Erdkreises und die
Fürsten, deren Sache ich als ihr Anwalt führe, würden auf meinen Ruf nicht
kommen noch mir gehorchen. Auch sind sie mir nicht unterworfen, daß ich
sie zwinge oder die Ungehorsamen strafen könnte." –

Diese Worte des klugen Engländers führen in den Kern der Sache. Sacerdotium und Imperium waren im christlichen Abendland miteinander aufgewachsen wie Brüder, von denen der jüngere, der Papst, den älteren Kaiser
einholte und schließlich überholte [30]. Das Imperium war von Leo III.
neu begründet worden, weil er einen weltlichen Schutz nötig hatte, und noch
in der ottonischen Zeit war im Verhältnis zwischen geistlicher und weltlicher
Gewalt die weltliche die gewichtigere. Die Gesamtkirche zerfiel damals in
eine Reihe von Landeskirchen, der Zusammenhang drohte verloren zu gehen
und es fehlt sogar nicht an Stimmen, welche dem römischen Adelspapsttum
den Führungsanspruch bestritten. Dies hatte sich in der Reformzeit gründlich geändert. Ihr weltgeschichtlich wichtigstes Ergebnis war, wie wir sahen,

---

[29] Mir z. Zt. nur zugänglich in dem Auszug in M. G. SS. 28, 202; vgl. *E. Kantorowicz*,
Kaiser Friedrich der Zweite (Berlin 1927) S. 515.

[30] Über die Angleichung der päpstlichen Insignien und des Zeremoniells an das kaiserliche vgl. *P. E. Schramm*, Sacerdotium und regnum im Austausch ihrer Vorrechte in: Studi
Gregoriani 2 (Roma 1947) S. 403—457, und *Theodor Klauser*, Der Ursprung der bischöflichen Insignien und Ehrenrechte, Bonner akademische Reden 1 (Krefeld o. J. [1947]).

daß die abendländische Kirche zu einer alle Nationen gleichmäßig umspannenden und durchdringenden Institution, einer Anstalt geworden war,
die der Zentrale in Rom auch tatsächlich gehorchte. Die entscheidenden Antriebe hierfür waren mit den Reformgedanken aus Frankreich gekommen.
Sie wurden in Rom lediglich mit römisch-kirchlicher Tradition und was man
dafür hielt angereichert; hierdurch wurde der ältere Einbruch germanischen
Rechtsdenkens in die Kirche größtenteils überwunden – der Rest wurde
assimiliert. Aber neue Antriebe, vor allem religiöser Art strömten in der
Folgezeit immer wieder aus den romanischen Ländern in die Kirche ein,
man denke an die französischen Zisterzienser im 12. Jahrhundert, an die
Bettelorden aus Frankreich, Spanien und Italien im 13. Jahrhundert. Die
geistige Führung lag seit dem 11. Jahrhundert einwandfrei in Frankreich;
Deutschland geriet fortan in dieser Hinsicht hoffnungslos ins Hintertreffen,
und damit auch das Imperium, das doch anfangs, wie betont, eine mehr
geistige Größe war.

Aber auch wenn man die Dinge vom Gesichtspunkt des Staatlichen, der
Verfassung und der Verwaltung her betrachtet, ist das staufische Imperium
im Rückstand. Gerade weil die Kirche ein Verwaltungsapparat war, hatte
sie in der früheren Periode, als Landeskirche in die Staatsverfassung übernommen, dem ottonischen Imperium den Vorsprung vor allen anderen Ländern verschafft. Jetzt waren die Bischöfe als Repräsentanten der universellen
Kirche, also des päpstlichen Willens, und gleichzeitig als Fürsten eines Lehnsstaates in einem heillosen Dilemma, und je länger der Kampf ging, um so
mehr tendierten sie ganz natürlich nach Rom hin, und damit wirkte die Einrichtung, die früher als stärkste Klammer der Reichsverfassung fungiert
hatte, als ihr Sprengmittel. Das Lehnsrecht kam in Deutschland als Prinzip
der Gewaltenteilung zwischen Krone und Fürsten mit mehr als 100jähriger
Verspätung zur Durchführung; in Frankreich hatte es um dieselbe Zeit seine
Kinderkrankheiten schon hinter sich. Und noch modernere Regierungsmethoden, wie sie in den normannischen Eroberungsstaaten in England und
Süditalien ausgebildet wurden, waren auf ein organisch gewachsenes Gebilde wie das deutsche Reich überhaupt nicht anwendbar. Daß trotz dieser
Problematik der Mittel für eine Staatsführung Friedrich I. lange Zeit geistliche und weltliche Fürsten mit sich fortreißen konnte, ist nur ein Beweis für
die Stärke der Tradition und den Schwung seiner Persönlichkeit, kann aber
nicht darüber hinwegtäuschen, daß mit diesen Mitteln eine Politik gegen den
Willen des Papstes nicht gemacht werden konnte. Jeder Konflikt mit der
Kurie rief die Abwehrkräfte im Ausland und schließlich auch im Reiche

selbst auf den Plan, denn die Freiheit des Papsttums war zum Palladium der Unabhängigkeit der europäischen Nationen geworden.

Es ist bekannt, daß das Kaisertum gegenüber dieser offenen und stillen Koalition zwischen Papsttum und Nationalstaaten erlegen ist. Der Kampf ist aber nicht umsonst gewesen. Denn durch das Zurückgreifen auf die alte Vorstellung von den zwei einander gleichgeordneten Gewalten, jetzt gekleidet in den Gedanken der Gottunmittelbarkeit, hat das Kaisertum den werdenden Nationalstaaten das Stichwort gegeben für die Verteidigung einer weltlich-irdischen Staatsgewalt, als das Papsttum den Versuch machte, auch bei ihnen in diese Sphäre einzubrechen. Während der Kampf zwischen Staat und Kirche in der staufischen Kaiserzeit tobte, konnte das Königtum, wenigstens in den westlichen Monarchien, seine innere Stellung so weit befestigen, daß es nach dem Zusammenbruch des deutschen Reiches dem siegreichen Papsttum die Stirn bieten konnte.

GPSR Compliance
The European Union's (EU) General Product Safety Regulation (GPSR) is a set
of rules that requires consumer products to be safe and our obligations to
ensure this.

If you have any concerns about our products, you can contact us on

ProductSafety@springernature.com

In case Publisher is established outside the EU, the EU authorized
representative is:

Springer Nature Customer Service Center GmbH
Europaplatz 3
69115 Heidelberg, Germany